尖端技术 STEM

孩子一看就懂的尖端技术

虚拟现实

U0340818

[美]克里斯蒂·皮特森 者

周睎雯 孙宁玥 译

陕西新华出版传媒集团

陕西科学技术出版社

Shaanxi Science and Technology Press

Copyright© 2019 by Lerner Publishing Group, Inc.

著作权合同登记号：25-2019-080

图书在版编目(CIP)数据

　　孩子一看就懂的尖端技术. 虚拟现实/（美）克里斯蒂·皮特森著；
周睎雯，孙宁玥译. —西安：陕西科学技术出版社，2019.6
　　书名原文：Cutting-Edge: Virtual Reality
　　ISBN 978-7-5369-7566-8

　　Ⅰ.①孩… Ⅱ.①克… ②周… ③孙… Ⅲ.①科学技术—少儿读物
②虚拟现实—少儿读物 Ⅳ.①N49 ②TP391.98-49

中国版本图书馆CIP数据核字（2019）第115809号

孩子一看就懂的尖端技术·虚拟现实
HAIZI YIKANJIUDONG DE JIANDUAN JISHU XUNI XIANSHI

[美]克里斯蒂·皮特森著　周睎雯，孙宁玥译

策　　划	周睎雯　齐永平	
责任编辑	王彦龙	
封面设计	诗风文化	

出 版 者	陕西新华出版传媒集团　陕西科学技术出版社
	西安市曲江新区登高路1388号　陕西新华出版传媒产业大厦B座
	电话（029）81205187　传真（029）81205055　邮编 710061
发 行 者	陕西新华出版传媒集团　陕西科学技术出版社
	电话（029）81205180　81206809
印　　刷	陕西思维印务有限公司
规　　格	787mm×1092mm　16开本
印　　张	2
字　　数	20千字
版　　次	2019年6月第1版
	2019年6月第1次印刷
书　　号	ISBN 978-7-5369-7566-8
定　　价	25.00元

目 录

第一章

什么是虚拟现实?

　　你手握方向盘，左右频频响起汽笛声。当绿灯亮起，你猛踩油门，车子飞驰，轮胎冒着青烟，你尖叫着经过第一个弯道，这时突然有一个声音在你耳边说："嘿！该轮到我了，你的时间到啦。"

一些视频游戏设备还配有踏板和方向盘，让玩家感觉更真实。

你叹了口气，因为马上就要领先的时候，却只得把遥控器交给妹妹去玩。紧接着，妹妹就开始虚拟现实的赛车游戏体验之旅啦。跑车、轨道以及加速引擎……哇喔！真是太棒啦！而你，只能呆坐在客厅里。

没人知道这个女孩看到了什么，但虚拟现实头盔会让她觉得看到的一切都非常真实。

什么是虚拟现实游戏呢？为什么它可以带给你身临其境的感觉？我们知道，真实是指现实世界的一切，我们通过感官，如嗅觉、触觉、味觉、视觉、听觉，以及我们的平衡感和运动感来感受现实世界中的一切。虚拟其实是接近真实，而虚拟现实系统就是让我们的感官产生一种错觉——好像我们感受到的是真实存在的，而事实却不是这样。

虚拟现实是如何工作的呢?

　　虚拟现实系统是通过软件和硬件共同工作，来满足我们体验身临其境的需求。软件是计算机程序的另一种语言，而程序是一组指令，它会指示电脑如何制作图像和声音。软件会制作出你开的紫色汽车。而如果想把车身颜色换成黄色，就需要由程序来告诉电脑该怎么去做。

软件程序会指示电脑显示出虚拟现实头盔内的内容。

虚拟现实头盔是一种硬件。

　　程序会指示电脑向硬件设备发送图像和声音。硬件是系统的组成部分，它就是你戴的或者拿着的东西，比如虚拟现实头盔、电脑、遥控器，还有智能手机等。而它也会给程序回传信息，比如，当你在赛车游戏中把遥控器转得太用力时，程序就会把你的车"送出"赛道。

聚焦编码

计算机程序是一组计算机能识别和执行的指令。在计算机内部，这些指令会转换成二进制代码，通过一系列"是"或"否"的问题告诉计算机需要做什么。回答"是"会变成数字1，信号就会开启；回答"否"则会变成数字"0"，信号就会关闭。比如，玩家是否摁下油门按钮？如果是"是"，汽车会向前移动；如果是"否"，车子就不会动啦。

二进制代码是最简易的计算机代码，它通过"1"和"0"的集合生成指令。

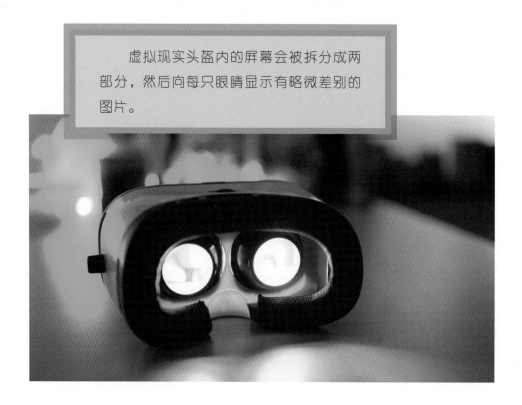

虚拟现实头盔内的屏幕会被拆分成两部分，然后向每只眼睛显示有略微差别的图片。

虚拟现实通过软件和硬件一起工作，来营造出身临其境的感觉。在虚拟现实头盔里，程序在屏幕上营造出一个虚拟世界，每只眼睛看到的图像会略微不同，就像在现实世界里，你的眼睛看到的两个不同的图像一样。这时，你的大脑会将这两个图像合成一个，而这就是你看到的3D效果啦。

不仅如此，虚拟现实头盔还会追踪记录你的头部活动呢。比如当你转头时，它会指示程序改变屏幕的图像，扬声器也会播放与图像一致的声音。

第二章

打造虚拟世界

很多人都酷爱"我的世界"这款游戏——玩家通过方块来搭建景观、建筑和城镇等。一开始，他们只是在平板电脑或是电视机上玩这款游戏。后来，聪明的程序员们就开发出虚拟现实版啦。那他们是如何把屏幕上的平面图像带入3D世界的呢？

沙盒游戏"我的世界"火遍了全世界。

想象自己站在一个圆球里，你会发现，无论你是向上、向下还是向两边看，都不会看到边缘。现在，你可以把"我的世界"这款游戏想象成绘制在圆球里面的图像，而这就是程序员打造的一个虚拟世界。他们就是将玩家置于虚拟球的中心，然后在其周围勾勒出一个虚拟世界。所以不管你看哪里、走多远，你都是在圆球的中心，而这个世界永远不会有尽头。

在2016年的一次活动中，玩家正在试玩虚拟现实版"我的世界"。

程序员正在与图形设计师合作，制作视频游戏和其他炫酷的程序。

"我的世界"的程序员先从基本形状开始，通过计算机生成图像（CGI）来制作这些对象和场景。要知道，在"我的世界"里，这一点都不难，因为一切都是由方块构成的。但是对于其他游戏而言，程序员就需要绘制多种形状来制作对象的基本轮廓，再慢慢将它们塑造成赛车或是动物之类的物体，之后添加颜色和纹理，最终将它们排列制作成一定的场景。

把"宇宙"带进你的客厅

想象一下，你的家人正在计划一场旅行，姐姐想在世贸中心顶层俯瞰纽约，你想去看F1赛车比赛，而神奇的虚拟现实可以让你们预先查看这些景点。我们可爱的程序员可以再造一个和真实世界一样的虚拟世界，不是用计算机生成图像，而是把相片和视频放入虚拟球里，这样，你和家人就可以体验两种不同的景象，然后再决定选哪一个。

在F1比赛的英格兰赛段，车迷们正在试用虚拟现实头盔。

科学现实还是科学幻想？

　　把虚拟现实程序作为娱乐消遣是一项全新的发明吗？不是的。

　　早在60年前，摩登·海里戈就发明了体验剧场（英文名称：Sensorama）。体验者坐在椅子上，看着一个大盒子，接着这台机器会带他（她）"骑"一次疯狂摩托车——身旁的风景飞速掠过，风吹着头发，你可以听到座椅震颤着发出嗡嗡的响声，以及虚拟引擎的轰鸣声，还可以闻到排气筒散发出的气味等。然而这种机器仅被制造过几台，并没有大量投入使用。

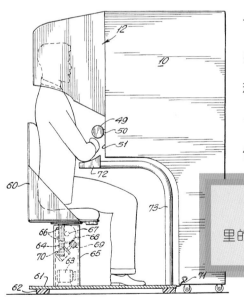

这幅图展示的就是海里的"体验剧场计划"。

还有那些我们无法亲眼去看的风景，比如珠穆朗玛峰。虚拟现实可以将收集到的几千张图片和实地声音完美结合，让你看着珠峰上醉心的风景，听着脚踩雪地所发出的"吱吱声"，令你仿佛身临其境，流连忘返。不仅如此，虚拟现实还可以带你"离开"地球、"移民"火星或者"漫步"月球哦。

你梦想过去火星吗？现在就有一款虚拟现实的游戏，可以带领你探索行星、寻找地球以外的生命迹象。

第三章

将虚拟现实带入工作中

虚拟现实不仅可以用于娱乐，早先它可是能够教飞行员开飞机的工具呢。大约90年前，埃德温·林克就采用管风琴零件制造了一个飞行模拟器。这个机器有飞机控制装置，能够模拟俯仰和侧倾的动作。这样学员们就可以在驾驶真飞机前，通过它来体验飞行的感觉啦。

1941年，在林克飞行模拟器上训练的法国空军飞行员。

这个有着所有的控制器和设备的飞行
模拟器，让你感觉就像在驾驶真飞机！

　　现在，美国军队还在使用模拟器来训练士兵驾驶飞机、坦克、轮
船以及潜艇哦。这些模拟器给士兵提供了模拟现实的体验，让他们感
觉就像在操作真机器一样，而电脑程序播放的视频和声音，也为他们
在上战场之前提供了一个逼真的练习环境。

科学现实还是科学幻想？

虚拟现实可能会让你产生眩晕和恶心的感觉。

这是真的哦！

当我们看到的和我们的动作不匹配时，就会感到眩晕和恶心。要知道，在虚拟现实中，我们实际移动头部与捕捉虚拟图像之间会存在一个时间差。所以，游戏创作人员会选择放慢速度，让动作变得不那么连贯，并以短片段的形式轮流进行。这样的处理会让玩家感到比较舒适，也使大脑更容易接受。

虚拟现实可以治病救人

2017年，一个手术组成功地将一对可爱的双胞胎连体宝宝的心脏分开啦。他们就是将虚拟现实技术纳入其手术方案之中，医生佩戴虚拟现实眼镜后，不仅可以观察宝宝心脏的3D图像，还能"走进"宝宝的心脏内部进行研究。这样一来，他们就能够制订出最安全的手术方案，以确保万无一失。

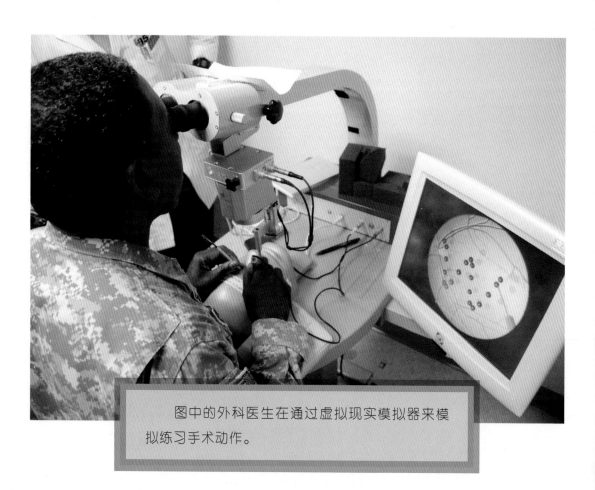

图中的外科医生在通过虚拟现实模拟器来模拟练习手术动作。

在2016年的一个技术展上，一名男子正在试用虚拟现实手术模拟器。

▼

对于急诊室的工作人员来说，虚拟现实已经成为一种非常实用的训练工具。现在大家不再需要对着塑料假人练习，而是使用虚拟现实头盔进行培训。这样的方式可以让他们更切实地感受到紧急情况下的压力，从而在面临真实状况时，做好充足准备为患者服务。

国际空间站的宇航员完成了一次太空行走任务。

无法预测的未知世界

想象一下，在地球上空，你正在修理一颗损坏的卫星，身上套着一根很粗的绳子，绳子的另一端则连接着宇宙飞船。当你卸下一颗颗螺栓以便接触到损坏的零件时，意外却发生了：绳索从飞船上脱落了下来。这时，漂浮在太空中的你该怎么办呢？

你并没有真的迷失在太空中，而是小心翼翼地用背包里的小喷气机带自己回到了飞船上，还参加了宇航员训练计划。美国宇航局通过虚拟现实来教会宇航员如何在太空中生活和工作，练习处理意外情况，以提高他们在实际任务执行中的安全性。

　　　　一名宇航员头戴虚拟现实头盔，进行太空行走训练。

第四章

未来可期

　　虚拟现实可以通过意想不到的方式，为我们提供成为另一个人或者置身异地的体验。在美国俄亥俄州的一家博物馆内，虚拟现实可以让你变成罗莎·帕克斯——一位为不同种族的人争取平等权利的非裔美国女性。甚至，你还可以有这样一种体验：在结束了一天漫长的工作，终于坐上公共汽车时，有人却命令你让座给其他人，只因你是"低等"种族。通过虚拟现实，你可以了解到他人的感受以及他们做出一些行为的原因。

罗莎·帕克斯

图中的女子正戴着虚拟现实头盔配合医生做牙科检查。

还有一种程序，可以减少患者在看牙过程中的紧张和恐惧感。当患者坐下来时，医生会给他（她）佩戴一个虚拟现实头盔，让他（她）可以自由地"漫步海滩""穿越森林"，而不是把注意力集中在牙医钻牙或是其他锋利器具发出的"呜呜"的噪声上。

虚拟现实的实际应用

虚拟现实也可以帮助下肢瘫痪的人们。这些由于疾病或事故导致下肢瘫痪的人们，可以通过一个连接大脑的工具，思考如何控制和移动一个虚拟人物来一场虚拟旅行。

这个神奇的工具可以通过监测患者的大脑活动，向虚拟人物发射信号。它非常有助于患者大脑重新学习向腿部发送活动信号的技能。

现在来想想你害怕的事情吧，或许虚拟现实可以帮你克服它哦。比如，你恐高，那么就让虚拟现实"带"你到高楼大厦的顶部去吧，当你一点点地靠近露台的边缘，就能走到十层楼高的平台上啦。体验这样虚拟的恐惧，有助于你在面对真实的恐惧时做出更冷静的反应。

许多人站在高处时会变得紧张、头晕、发抖，而虚拟现实程序可以引导他们，让他们感到平静和安全。

虚拟现实——全速前进

　　我们用来体验虚拟世界的感官主要是视觉和听觉，科研人员正在研发一种虚拟现实服装，让你能够更加真切地"置身"于虚拟世界之中。许多人还想在虚拟现实中得到所有感官的体验。比如，在一次南极洲的虚拟现实之旅中，可以闻到新鲜凉爽的空气，感受冰冷的天气，甚至还可以尝到雪在你舌尖融化的滋味哦。

你觉得南极会有怎样的气味、感觉和味道呢？

▼

程序员们每天都在研发和创造新鲜刺激的程序和体验。

我们绝不会止步于此，更快、更优的程序会让虚拟现实以更新、更刺激的方式，成为我们生活的一部分。未来，虚拟现实会给你超乎想象的体验哦！

术语表

二进制代码：由一系列"0"和"1"组成的最基本的计算机语言。

计算机生成图像（CGI）：由计算机程序创造的物体和景观的图像。

计算机程序：指导计算机如何完成任务的一组指令。

下肢瘫痪者：由于疾病或事故导致下半身无法活动的人。

程序员：编写指令来指导计算机该做什么的人。

模拟器：模拟真实工具的训练机器。

外科手术：通常指在人体内部或外部进行手术的医疗过程。

3D：三维的缩写，指一个具有高度、宽度和深度的三维对象。

虚拟现实头盔：戴在头上，可以带领用户畅游虚拟世界的工具。

相关图书及网站推荐

推荐图书

1.[美]瓦莱利·博登著，《虚拟现实头盔》，美国明尼阿波里斯市：棋盘图书馆出版，2018。

来书里了解更多关于虚拟现实的历史及其使用方法吧！

2.[美]杰克·查罗诺著，《虚拟现实》，美国纽约：DK出版社出版，2017。

来这里了解更多关于虚拟现实的内容，还能自己试试看哦！

3.[美]克里斯蒂·皮特森著，《孩子们一看就懂的尖端科技——增强现实》，美国明尼阿波里斯市：勒纳出版社出版，2019。

阅读本书，了解另一项和虚拟现实类似但用处不同的炫酷技术吧。

推荐网站

1.解释一下那个叫虚拟现实的"玩意儿"

http://www.explainthatstuff.com/virtualreality.html

登录网站，了解不同类型的虚拟现实，还有它的历史和用途哦！

2.我的世界

https://minecraft.net/en-us/vr/

来这个网站，看看虚拟现实版"我的世界"游戏是什么样子。

3.奇迹城邦：虚拟现实是什么？

https://wonderopolis.org/wonder/what-is-virtual-reality

来了解更多关于虚拟现实的内容吧，在这里，你不仅可以观看视频，还可以尝试一些活动，来更深入地了解这项技术哦！

索引

图片版权声明